中点西点

高玉才◎编著

吉林科学技术出版社

作者简介

高玉才　吉林工商学院旅游管理学院烹饪教授,享受国务院政府特殊津贴,吉林省决策咨询委员,吉林省第三批拔尖创新人才,吉林省高级专家,长白山技能名师,国家高级烹调技师,中国烹饪大师,餐饮业国家一级考评员,国家职业技能裁判员,现任吉林省饭店餐饮烹饪协会执行会长,吉林省名厨专业委员会主席,吉林省药膳专业委员会会长,吉林省营养学会副理事长。

特别鸣谢

广东超霸世家食品有限公司

DIET SCIENCE
饮食科学

美味对对碰

目录

第一章

中点

10 鲜虾吐司卷　　11 金银卷　　12 银丝卷　　14 蹄花卷

15 甜花卷　　16 椒香花卷　　17 蝴蝶卷　　18 千丝卷

19 牛肉花卷　　20 火腿卷　　21 双色卷　　22 芹香黄金卷

23 香糯紫菜卷　　24 风味腊肠卷　　26 香芋卷　　27 果酱银丝卷

28 菱粉拉皮卷　　29 趣味花卷　　30 果仁酥　　31 火腿酥

32 橄榄酥　　33 双色菊花酥　　34 莲蓉甘露酥　　35 旋风节节酥

36 风味玉米饼

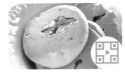
38 奶香松饼

39 麻香馅饼

40 荷叶饼

41 玉米烙

42 烙银丝饼

43 椒盐酥饼

44 银丝蒸饼

45 翡翠巧克力包

46 香酥南瓜饼

48 荸荠糕

49 吉祥糕

50 奶油发糕

51 萝卜煎糕

52 腰果芋蓉糕

53 豆面糕

54 荞面蒸糕

55 豌豆糕

56 干果蒸糕

57 萝卜腊味糕

58 桂花糯米枣

59 瓜仁芋球

60 如意锁片

61 栗蓉艾窝窝

62 沙琪玛

63 风味麻团

64 象生葫芦

65 香酥咖喱饺

66 芝麻锅炸

67 珍珠玫瑰粽

1/2小匙 ≈2.5克

1小匙 ≈5克

1大匙 ≈15克

第二章
西点

70 法式长面包

71 十字面包

72 螺旋餐包

73 杏仁牛角包

74 圣诞面包

75 榛子丹麦包

76 小法包

77 芝麻面包

78 豆沙圈

80 农夫包

81 桃仁包

82 黑麦包

83 豆粉包

84 夏巴塔包

85 大杏仁包

86 英吉利松饼

87 花生松饼

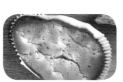

88 角瓜松饼

89 原味松饼

90 酥皮沙拉饼

91 香橙巧克力松饼

92 特色蛋糕

94 美式芝士蛋糕

95 草莓蛋糕

96 可可蛋糕

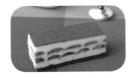
97 咖啡蛋糕

98 苹果慕斯

99 香草慕斯

100 绿豆慕斯

101 果味慕斯

102 香橙慕斯

103 草莓慕斯

104 干果饼干

106 双色饼干

107 六角星饼干

108 娃娃饼干

109 手指饼干

110 燕麦片饼干

111 金橘饼干

112 松子饼干

113 吉士夹心饼

114 圣女果椰丝派

115 榛子派

116 雪梨杏仁派

117 核桃派

118 芒果派

119 南瓜派

120 哈密瓜曲奇

122 橙味小布丁

123 香塔布丁

124 巧克力布丁

125 焦糖蛋布丁

126 米香牛奶水果布丁

127 樱桃布丁

1/2杯≈125毫升

1大杯≈250毫升

📷 此菜配有视频制作过程

第一章

中点

鲜虾吐司卷

难度	时间	口味
中级	25分钟	鲜咸味

材料

吐司面包片	250克
鲜虾	150克
黑芝麻	50克
鸡蛋	1个
精盐、鸡精	各1小匙
淀粉、炼乳	各1大匙
番茄酱	2大匙
植物油	适量

做法

1 鸡蛋磕入碗中，加入淀粉搅匀成鸡蛋液；把吐司面包片四边去掉；鲜虾去虾头、虾壳和虾线，洗净，剁成泥，加入精盐、鸡精、少许鸡蛋液拌匀成虾蓉。

2 把虾蓉涂抹在吐司面包片上，卷成卷，两端蘸上鸡蛋液，裹匀黑芝麻成鲜虾吐司卷生坯。

3 锅内加入植物油烧热，放入吐司卷生坯炸至呈金黄色，捞出、装盘，带炼乳、番茄酱一起上桌蘸食即可。

金银卷

难度 中级 | 时间 40分钟 | 口味 鲜咸味

材料

面粉	400克
酵面	100克
鸡蛋黄	5克
食用碱	少许
植物油	1/2大匙

做法

1 面粉200克加上酵面和温水和成面团,发酵成发酵面团;面粉200克加上鸡蛋黄及温水和成面团。

2 发酵面团加上食用碱揉匀,擀成长形薄片,刷上一层植物油;把蛋黄面团擀成大片,叠放在发酵面片上面,刷上植物油,由外向里卷起,搓成细条。

3 将细条切成小段,刀口向上,两段合在一起,用筷子由中间夹一下成金银卷生坯,摆入蒸锅内,用旺火蒸15分钟至熟,取出装盘即可。

银丝卷

难度 初级　时间 40分钟　口味 香甜味

材料

面粉	1000克
酵母粉	15克
白糖	200克
熟猪油	1大匙
植物油	少许

做法

1　酵母粉加入温水拌匀成酵母水（图1）；面粉放盆内，加入熟猪油、白糖和酵母水（图2），搓揉均匀成发酵面团，饧约30分钟（图3）。

2　取1/3发酵面团搓条，下成面剂，擀成长方片（图4）；余下的发酵面团擀成大薄片，切成细丝（图5）。

3　长方片刷上植物油，切成段，中间放上1份刷上植物油的面丝（图6），从一边卷起成银丝卷生坯，放入蒸锅内，用旺火蒸至熟（图7），装盘上桌即可。

蹄花卷

难度 中级　时间 25分钟　口味 鲜咸味

材料

发酵面团	250克
青丝、红丝	各15克
香油	1大匙
食用碱水	少许

做法

1 发酵面团加入食用碱水揉匀，揪成10个大小均匀的面剂，揿平，擀成直径7厘米左右的面皮，涂抹上香油，撒上青丝和红丝，对折。

2 然后对折成90°扇形，用快刀在尖头处顺中心2/3处切开，再将两边向后翻转，捏拢、捏紧向下放，刀口翻出，做成形似猪蹄的蹄花卷生坯。

3 把蹄花卷生坯整齐地码入蒸锅内，用旺火、沸水蒸至熟香，取出装盘即可。

甜花卷

难度 初级　时间 40分钟　口味 香甜味

材料

面粉	500克
白糖	3大匙
泡打粉	2小匙
植物油	4大匙

做法

1 面粉放入容器中，加入泡打粉搅拌均匀；白糖加入热水拌匀成糖水，倒入面粉中和成面团，略饧。

2 将面团擀成大片，抹上一层植物油，把面片相对折叠，切成长条，将3根面条放在一起，用手捏住两头卷起成甜花卷生坯。

3 将甜花卷生坯放入蒸锅内，用旺火蒸约15分钟至熟香，取出上桌即可。

椒香花卷

难度 中级　　时间 30分钟　　口味 椒香味

材料

面粉	500克
红尖椒粒	25克
香葱花	40克
泡打粉	2小匙
精盐	1小匙
十三香	1/2小匙
植物油	2大匙

做法

1 面粉放在小盆内，加入泡打粉拌匀，放入适量温水和成软硬适度的面团，饧10分钟。

2 把面团放在案板上，擀成大薄片，刷上一层植物油，涂抹上精盐和十三香，撒上红尖椒粒和香葱花。

3 大薄面片再由外向里卷叠三层，切成条状，用手拧成花卷生坯，摆入蒸锅内，用旺火、沸水蒸15分钟至熟，取出装盘即可。

蝴蝶卷

难度 初级　　时间 30分钟　　口味 鲜咸味

材料

发酵面团	250克
食用碱水	少许
香油	2小匙

做法

1 发酵面团加上食用碱水揉透，搓成小条，揪成小面剂，擀成直径7厘米大小的圆皮，涂上香油，对折成半圆形，用钝刀在上面刻上条纹。

2 在半圆直径处中间用手指捏出尖头，同时用刀在圆弧处揿出凹痕，向上合起成蝴蝶卷生坯。

3 把蝴蝶卷生坯饧10分钟，放入蒸锅内，用旺火蒸至蝴蝶卷熟透，取出上桌即可。

千丝卷

难度 中级　时间 90分钟　口味 香甜味

材料

面粉	750克
酵母	15克
白糖	200克
熟猪油	50克
植物油	适量

做法

1 将面粉放入容器内，加入白糖、清水、酵母、熟猪油调匀，揉成发酵面团，用湿布盖严，饧30分钟。

2 将1/3的发酵面团，搓成长条，下成面剂子，擀成中间稍厚的长方片。

3 把2/3的发酵面团擀成薄饼，切成丝，刷上植物油，切成7厘米长的段，用擀好的长方片卷起成千丝卷生坯，饧30分钟，上屉蒸10分钟，出锅装盘即可。

牛肉花卷

难度 中级　时间 50分钟　口味 鲜咸味

材料

面粉500克，牛肉150克

葱末、姜末各5克，酱油1大匙，精盐1小匙，五香粉少许，泡打粉2小匙，植物油、香油各少许

做法

1. 牛肉剁碎，加入葱末、姜末、酱油、精盐、五香粉、植物油和香油搅拌均匀成馅料。

2. 面粉放在容器内，放入泡打粉拌匀，加入适量的温水和成面团，盖上湿布略饧。

3. 面团放在案板上，擀成大片，涂抹上牛肉馅料，相对折叠，切成条，制成牛肉花卷生坯，摆入蒸锅内，用旺火、足汽蒸15分钟，取出上桌即可。

火腿卷

难度 中级　时间 40分钟　口味 鲜咸味

材料

面粉	500克
熟火腿末	50克
泡打粉、酵母	各少许
葱花	25克
精盐	1小匙
白糖	2小匙
味精	少许
香油	1大匙

做法

1 面粉放在案板上，中间扒一凹坑，加入泡打粉、酵母、白糖和适量清水，揉搓均匀成面团。

2 面团擀成薄片，抹上香油，撒上精盐、味精、葱花、熟火腿末，切成15厘米长、12厘米宽的长方片。

3 将长方片叠起来，用刀切成细丝，分成数份，再顺丝搓一下，从两头向中间卷拢，接口向下，饧15分钟成火腿卷生坯，上笼蒸至熟香，取出，切成小块即可。

双色卷

难度 初级　时间 40分钟　口味 香甜味

材料

面粉	500克
泡打粉	5克
酵母	少许
白糖	1大匙
可可粉	2大匙
植物油	适量

做法

1 面粉放在案板上，中间扒一凹坑，放入酵母、泡打粉、白糖和适量清水揉搓成面团，取一半的面团，加入可可粉，揉搓成可可色面团。

2 将两块面团分别擀成薄片，刷上一层植物油，叠在一起成双层皮，再擀成薄片，由外向里卷起成长条，用刀切断成双色卷生坯，放入蒸锅内蒸至熟即可。

芹香黄金卷

难度 初级　时间 25分钟　口味 香甜味

材料

西芹	250克
黄金糕	1块
精盐	1/2小匙
味精	少许
白糖	2小匙
植物油	适量

做法

1 西芹去掉菜根，用清水洗净，沥净水分，切成细丝，放入烧热的油锅内，加入精盐、味精、白糖煸炒至熟，出锅、凉凉。

2 黄金糕切成大片，上笼蒸至软，取出，包入芹菜丝，卷成圆柱形成黄金卷生坯。

3 净锅置火上，加入植物油烧至五成热，放入黄金卷生坯，用中小火煎3分钟，出锅装盘即可。

香糯紫菜卷

难度 中级　时间 40分钟　口味 鲜咸味

材料

糯米	100克
紫菜	2张
熟火腿	50克
胡萝卜、黄瓜	各35克
精盐	1小匙
味精	1/2小匙
胡椒粉	少许

做法

1 糯米放入大碗内，加入清水，上屉蒸至熟，取出、凉凉，加入精盐、味精和胡椒粉拌匀成熟糯米饭。

2 熟火腿切成小条；胡萝卜、黄瓜分别洗净，擦净水分，切成长条。

3 取紫菜一张，铺上一层熟糯米饭，放上火腿条、胡萝卜条和黄瓜条，从上而下卷起、卷紧成紫菜卷，改刀切成小块，装盘上桌即可。

风味腊肠卷

难度 中级 | 时间 45分钟 | 口味 鲜咸味

材料

低筋面粉	200克
广式腊肠	10根
泡打粉	8克
白糖	5小匙
叉烧酱	3大匙
高粱酒	1/2大匙
蚝油	1大匙

做法

1 广式腊肠洗净，放入沸水锅内焯烫一下（图1），捞出、沥水，加入叉烧酱、高粱酒、蚝油拌匀（图2）。

2 低筋面粉加入白糖、泡打粉和清水调匀（图3），揉匀成面团（图4），切成10份，搓成长条（图5），用1条面团环绕在腊肠上，制成1份腊肠卷生坯（图6）。

3 把腊肠卷生坯放入蒸锅内，用旺火、沸水蒸20分钟至熟（图7），出锅上桌即可。

香芋卷

难度 高级　时间 40分钟　口味 香甜味

材料

面粉	500克
芋头	250克
酵母	10克
泡打粉	5克
白糖	200克
香芋油	少许

做法

1　芋头去皮，切成大块，用旺火蒸至软烂，取出、凉凉，放在容器内压成蓉，加入白糖拌匀成香芋馅。

2　面粉加入白糖、酵母、泡打粉和清水拌匀成面团，分成两块，一块为原色，另一块加入香芋油揉匀成紫色；原色面团放下面，紫色面团盖在原色上卷起。

3　将面团搓成条，揪成面剂，擀成圆皮，包入香芋馅，收口朝下呈馒头状，上笼，用旺火、沸水蒸8分钟即可。

果酱银丝卷

难度 中级 | 时间 60分钟 | 口味 香甜味

材料

面粉	500克
酵母	5克
泡打粉	3克
果酱	100克
白糖	75克
奶粉	50克
植物油	少许

做法

1 面粉放在案板上，中间扒一凹坑，加入酵母、泡打粉、白糖、奶粉、适量温水揉成面团。

2 将面团搓成条，饧发30分钟成发酵面团，用抻面的方法将面条拉成细条，刷上植物油，然后以30根左右细条为一组，搓成长20厘米的长条。

3 将长条缠绕在手指上，一头压在下面，上面用手指按一小孔，依次做好成银丝卷生坯，入笼，用旺火蒸5分钟，取出，在小孔中挤上少许果酱即可。

菱粉拉皮卷

难度 中级　时间 30分钟　口味 香甜味

材料

菱粉	400克
玫瑰香精	4滴
白糖	75克
可可粉	1大匙
植物油	适量

做法

1 将菱粉放入容器内，慢慢浇淋上沸水冲拌至熟，搅拌均匀，加入白糖、玫瑰香精揉透成粉团；取一半粉团，加入可可粉揉成咖啡色粉团。

2 案板上抹上植物油，分别将咖啡色粉团、白色粉团擀成30厘米长的方形薄片，两片合在一起，卷成筒形，用刀切成小段，刀口朝上放在盘内即可。

趣味花卷

难度 初级　时间 50分钟　口味 鲜咸味

材料

面粉	500克
玉米粉	100克
鸡蛋	3个
水发海米	25克
葱花	50克
精盐	1小匙
植物油	适量

做法

1. 将面粉、鸡蛋和少许清水和成面团，稍饧，下成大面剂，撒上少许玉米粉，擀成大面片。

2. 大面片上抹上植物油，撒上少许玉米粉，抹上葱花、精盐和水发海米并卷起，切成大小相同的小面剂。

3. 将两个小面剂叠放在一起，中间夹一下呈蝴蝶形状，制成花卷生坯，稍饧10分钟，放入蒸锅内，用旺火、沸水蒸10分钟至熟，出锅上桌即可。

果仁酥

难度 中级　时间 45分钟　口味 香甜味

材料

面粉250克,核桃仁、松子仁各50克,瓜子仁、芝麻各30克,鸡蛋黄2个

白糖4大匙,植物油2大匙,苏打粉1小匙

做法

1　把白糖放入容器内,加入鸡蛋黄和植物油搅拌均匀,放入面粉、苏打粉、瓜子仁、少许松子仁、芝麻和少许核桃仁,慢慢揉搓均匀成面团。

2　将面团每15克下1个小面剂,团成圆球,按上1个核桃仁和少许松子仁,依次做好成果仁酥生坯。

3　电饼铛预热,放入果仁酥生坯,盖上盖,用上下火120℃烤20分钟,取出,装盘上桌即可。

火腿酥

难度 中级　时间 30分钟　口味 香甜味

材料	
面粉	500克
火腿末	200克
鸡蛋清	150克
鸡蛋黄	50克
果酱	适量
白糖	2大匙
黄油	250克

做法

1　面粉150克加入黄油揉匀，放入冰箱冷冻成油酥面团；面粉350克加入白糖和清水，揉搓成面团。

2　用面团包入油酥面团，擀成长片，折叠后再擀成大片，然后用模具扣出圆面片数张。

3　一张圆面片抹上果酱，另一张圆片抠除圆心，摆放在上面；鸡蛋清抽打至起泡，挤入中心凹处，撒上火腿末，刷上鸡蛋黄成生坯，放入烤箱烤至熟即可。

橄榄酥

难度 中级　　时间 40分钟　　口味 香甜味

材料

面粉	250克
椰蓉馅	150克
鸡蛋清	1个
熟猪油	100克
植物油	适量

做法

1　面粉分别加入熟猪油、清水调成水油面和油酥面，用水油面包入油酥面，收口朝上，擀成长方形大皮。

2　把大片由两边向中间对折，再用擀面杖擀成长方形薄皮，然后顺长由外向里卷起，收尾处刷上鸡蛋清，再轻轻地搓一下，切成10个面剂子。

3　把每个面剂子顺长剖开，按扁，擀成长方形面皮，酥纹向外，放入椰蓉馅，包成橄榄形成橄榄酥生坯，放入油锅内炸至熟即可。

双色菊花酥

难度 中级　时间 30分钟　口味 香甜味

材料

面粉	300克
菊花茶水	1杯
鸡蛋	2个
红樱桃	少许
蜂蜜	2小匙
植物油	适量

做法

1. 面粉放入容器中，磕入鸡蛋，倒入菊花茶水和匀成面团，盖上湿布，饧10分钟，揉搓成长条，切成小面剂，擀成圆形面皮，每个面皮切成4小块扇形。

2. 把4小块扇形面皮叠起来，切成细丝，用筷子夹起并从中间按下成菊花酥生坯。

3. 锅内加入植物油烧热，放入菊花酥生坯炸至熟脆，捞出、装盘，中间用红樱桃点缀，淋上蜂蜜即可。

莲蓉甘露酥

难度 中级	时间 30分钟		口味 香甜味

材料

面粉	500克
莲蓉	300克
鸡蛋	4个
白糖	200克
熟猪油	150克
发酵粉	15克

做法

1 面粉放入容器内，磕入鸡蛋，加入白糖、熟猪油和适量清水，揉搓成软硬适度的面团，加入发酵粉揉匀，稍饧；莲蓉分成15份。

2 把面团分成15个面剂，逐个用手心按扁，包入1份莲蓉成圆形，码放在烤盘中，刷上少许鸡蛋液。

3 把烤盘放入预热烤箱内，用220℃烘烤20分钟至色泽金黄，取出上桌即可。

旋风节节酥

难度 高级 ｜ 时间 40分钟 ｜ 口味 香甜味

材料

面粉	300克
油酥面团	200克
车厘子	10粒
巧克力碎	少许
黄油	50克
鲜奶油	80克
白糖	25克

做法

1. 面粉加入黄油、白糖和清水揉搓成水油面团，包裹上油酥面团，擀成长方形面团，折叠两次，切成小块。

2. 把面团块翻转过来，酥纹朝上擀成长方片，用圆形模具压成圆面片，在每个圆面片的中心用小的圆模具压出小的圆片，取出不用，制成节节酥成生坯。

3. 将生坯放入烤箱中烘烤至熟香，取出，在空心位置挤上鲜奶油，撒上巧克力碎，点缀上车厘子即可。

风味玉米饼

难度 初级　时间 25分钟　口味 香甜味

材料

玉米粉	400克
芝麻	15克
鸡蛋	3个
奶油	50克
白糖	3大匙
植物油	2大匙

做法

1　玉米粉倒入大碗中（图1），加入奶油（图2），放入白糖（图3），磕入鸡蛋（图4），加入适量清水，放入芝麻，搅拌均匀成玉米糊（图5）。

2　平底锅置火上，倒入植物油烧热，用手勺取少许调好的玉米糊，倒入平锅内摊成圆形玉米饼（图6）。

3　待把玉米饼一面煎至上色时，翻面（图7），继续把玉米饼两面煎烙至色泽金黄，取出，直接上桌即可。

奶香松饼

难度 中级　时间 25分钟　口味 奶香味

材料

面粉200克，玉米粉150克，鸡蛋1个，绿茶5克

苏打粉1/2小匙，牛奶100克，蜂蜜1大匙，植物油适量

做法

1 玉米粉放入大碗中，加入温水调匀成玉米糊，稍饧；面粉放入小盆中，磕入鸡蛋，加入牛奶、苏打粉、植物油调匀，加入玉米糊拌匀成奶香粉糊。

2 平底锅置火上烧热，舀入奶香粉糊，撒上少许泡好的绿茶，用小火煎成圆饼状。

3 翻面，把圆饼两面煎至色泽金黄，取出，码放在盘内，淋上蜂蜜，直接上桌即可。

麻香馅饼

难度 中级　时间 40分钟　口味 香甜味

材料

面粉	350克
黑芝麻	200克
果脯	100克
白糖	5大匙
熟猪油	3大匙
香油	2大匙

做法

1 面粉加入熟猪油1大匙、清水揉搓成面团，略饧；果脯切成末；黑芝麻100克擀成碎末，加入白糖、果脯末、熟猪油2大匙和少许面粉拌匀成馅料。

2 把面团搓成长条，揪成小面剂，按扁后包入馅料，封口捏严，按成圆饼生坯。

3 把圆饼生坯蘸上一层黑芝麻并压实，摆放在抹有香油的烤盘内，放入烤箱内烤至熟透，取出装盘即可。

荷叶饼

难度　初级　　时间　75分钟　　口味　香甜味

材料

中筋面粉　　500克
酵母粉　　　5克
白糖　　　　3大匙
熟猪油　　　1大匙
植物油　　　2大匙

做法

1 中筋面粉放入容器中，加入白糖、酵母粉、熟猪油和匀成面团，稍饧10分钟，放在案板上，擀成长方形面皮，再用小碗扣成圆形饼皮。

2 在饼皮的表面刷上一层植物油，对折成半圆形，然后在上面剞上井字花刀，用湿布盖严，饧45分钟，放入蒸锅内，用旺火蒸8分钟至熟，取出装盘即可。

玉米烙

难度 中级　时间 30分钟　回味 香甜味

材料

玉米粒(罐头)	250克
葡萄干	30克
白糖	2大匙
淀粉	3大匙
植物油	适量

做法

1　把玉米粒放入沸水锅内,加入葡萄干焯烫一下,捞出、沥水,加入白糖、淀粉搅拌均匀,制成玉米糊。

2　锅内加入少许植物油烧热,把玉米糊平铺在锅底,用喷壶喷湿玉米糊表面,煎至定型成玉米饼。

3　用旺火继续加热,并在玉米饼周围淋上少许烧热的植物油成玉米烙,出锅,切成大块,装盘上桌即可。

烙银丝饼

材料

面粉	400克
酵面	50克
食用碱	少许
白糖	2大匙
香油	2小匙
熟猪油	适量

做法

1 把酵面放入容器内，加入适量温水和面粉和成面团，略饧，放入白糖、食用碱揉搓均匀成面团。

2 把面团搓成长条，用抻面的方法抻至松散成面丝，放在案板上，涂抹上熟猪油和香油，切成小段。

3 将抻面剩下的面头揉好，揪成面剂子，擀成椭圆形面皮，包入面丝段，卷好并包严，饧10分钟，放入热锅内烙至熟透，出锅装盘即可。

椒盐酥饼

| | 难度 中级 | | 时间 30分钟 | | 口味 椒盐味 |

材料

面粉	750克
白芝麻	100克
植物油	2大匙
花椒盐	75克

做法

1 取一半的面粉,加入温水和成面团,略饧,取少许面团,搓成条,揪成剂子,粘上花椒盐成椒盐饼心;另一半面粉加入植物油,搓成油酥面团。

2 把面团搓成长条,擀成大面片,将油酥面团放在大面片上,摊平后由上向下卷成卷,揪成小面剂。

3 小面剂按成锅底状,放上一块椒盐饼心,包严,按成圆形饼坯,蘸上白芝麻,放入烤箱烤至熟脆即可。

银丝蒸饼

难度 中级　时间 25分钟　口味 鲜咸味

材料

面粉	1000克
精盐	2小匙
植物油	少许

做法

1 面粉加入精盐、清水和好成面团，搓成长条，两端上下抖动，抻长，和拢上劲，再抻长，和拢上劲，连续反复多次，将面条捋好。

2 把面条拧几个劲，撒上少许面粉，抻长对折成两根，左手握住面条两端面头，连续抻几次成银丝饼坯。

3 箅子刷上植物油，放入银丝饼坯，把箅子放入蒸锅内，用旺火蒸6分钟至熟，取出上桌即可。

翡翠巧克力包

难度 中级　时间 75分钟　口味 香甜味

材料

面粉	400克
菠菜蓉	100克
橙皮丝	5克
发酵粉	少许
巧克力块	100克
牛奶	150克
黄油	1大块

做法

1 锅置火上烧热，加入黄油、少许面粉、切碎的巧克力块和牛奶炒至黏稠，出锅，装碗，凉凉成馅心。

2 面粉放入盆中，加入橙皮丝、菠菜蓉、发酵粉和少许温水，揉搓成面团，饧发30分钟，搓条，下成面剂，擀成薄皮，包入馅心成巧克力包生坯，饧发10分钟。

3 蒸锅置火上，加入适量清水，放入巧克力包生坯，用中火蒸10分钟，取出装盘即可。

香酥南瓜饼

难度 中级　时间 30分钟　口味 香甜味

材料

南瓜	750克
面包糠	200克
面粉	150克
淀粉	100克
奶油	75克
白糖	125克
植物油	适量

做法

1 南瓜去皮, 去瓤(图1), 切成片, 放入蒸锅内(图2), 用旺火蒸至熟, 取出, 搅拌成南瓜蓉(图3)。

2 面粉、淀粉放在容器内, 加入白糖、奶油、清水搅拌均匀(图4), 加入南瓜蓉拌匀成面团, 放在案板上揉搓均匀(图5), 制成小面剂, 压成圆饼状。

3 圆饼生坯放在大盘上, 撒上面包糠, 按压均匀成南瓜饼生坯(图6), 放入烧至五成热的油锅内炸至色泽金黄(图7), 捞出、沥油, 码盘上桌即可。

1

2

3

5

4

6

7

荸荠糕

难度 中级　时间 40分钟　口味 香甜味

材料

荸荠	250克
绿豆淀粉	150克
葡萄干	15克
蜂蜜	2小匙
香油	1小匙
植物油	少许

做法

1. 荸荠削去外皮，洗净，切成薄片；绿豆淀粉加入清水搅匀，静置20分钟；葡萄干择洗干净。

2. 锅内加入适量清水烧沸，慢慢淋入绿豆淀粉，转小火熬至浓稠，放入荸荠片搅拌至上劲，出锅，倒入抹有香油的容器中，凉凉成荸荠糕，取出，切成长条。

3. 锅内加入植物油烧热，放入荸荠糕条煎2分钟，取出，码放在盘内，淋入蜂蜜，撒上葡萄干即可。

吉祥糕

难度 中级　时间 45分钟　口味 香甜味

材料

面粉、糯米粉各300克，椰浆200克，淡奶100克，红枣75克，泡打粉30克，酵母粉10克

白糖150克，白醋2小匙

做法

1 将面粉、糯米粉、泡打粉一起过细筛，放在干净容器内，加入椰浆、淡奶、酵母粉、白糖搅匀，放入洗净的红枣，淋入白醋搅拌均匀成面糊。

2 将和好的面糊倒入纸碗中(不要装满，装至纸碗的2/3处即可)，饧发20分钟，放入蒸锅内，用旺火、沸水蒸15分钟至熟，取出上桌即可。

奶油发糕

难度 中级　时间 40分钟　口味 香甜味

材料

面粉	400克
鸡蛋	6个
蜜饯	125克
白糖	200克
牛奶	4大匙
黄油	3大匙
酵母粉	2小匙
苏打粉	少许

做法

1 鸡蛋磕入容器内，加入黄油、白糖搅匀，放入酵母粉、苏打粉、少许温水、面粉、牛奶调成浓糊状，静置20分钟成发酵面糊；蜜饯切成小丁。

2 取一半蜜饯丁，撒在容器底部，倒入发酵面糊并抹平，把剩余的蜜饯丁撒在上面成奶油发糕生坯。

3 蒸锅置火上，加入清水烧沸，放入奶油发糕生坯，用旺火蒸约10分钟至熟，出锅上桌即可。

萝卜煎糕

难度 中级 ｜ 时间 60分钟 ｜ 口味 鲜咸味

材料

黄米面、萝卜丝各500克，火腿粒、腊肠粒、水发海米碎各50克

白糖1大匙，淀粉、鹰栗粉各100克，精盐、味精各2小匙，香油1小匙，植物油适量

做法

1　黄米面、鹰栗粉、淀粉拌匀，加入精盐、味精、白糖、香油和适量清水，搅拌均匀成面糊。

2　净锅置火上烧热，倒入面糊烧沸，放入萝卜丝、火腿粒、腊肠粒、水发海米碎搅匀，出锅，倒入方盒内压平，放入蒸锅内蒸40分钟，取出，凉凉成萝卜糕。

3　把萝卜糕切成小块，放入烧热的油锅中煎至两面呈金黄色，出锅装盘即可。

腰果芋蓉糕

难度 中级　　时间 30分钟　　口味 香甜味

材料	
山芋	300克
糯米粉	200克
熟腰果碎	100克
生粉	3大匙
白糖	2大匙
吉士粉	2小匙
黄油	2大匙
植物油	少许

做法

1 山芋削去外皮，洗净，切成大片，上笼蒸至熟，取出，放入搅拌器内搅打成山芋蓉。

2 山芋蓉放入容器内，加入黄油、白糖、糯米粉、生粉、吉士粉调拌均匀呈糊状，倒入刷过植物油的方盘中，放入蒸锅内，用旺火蒸15分钟至熟成芋蓉糕。

3 取出蒸好的芋蓉糕，撒上熟腰果碎，冷却，改刀切成块，装盘上桌即可。

豆面糕

难度 中级　时间 40分钟　口味 香甜味

材料

黏黄米粉400克，豆沙馅300克，黄豆粉100克，熟芝麻25克，青梅10克

冰糖粉1大匙，糖桂花2小匙，白糖150克

做法

1 黏黄米粉加入清水和成面团，放入蒸锅内蒸至熟，取出；黄豆粉放入蒸锅内蒸至熟，取出；青梅切成碎末，加上白糖、冰糖粉、糖桂花和熟芝麻拌匀成糖料。

2 把熟黄豆粉撒在案板上，熟黄米粉团放在上面揉搓均匀，擀成大片，抹上一层豆沙馅，从一侧卷成卷，切成小块，撒上糖料即可。

荞面蒸糕

难度 中级　时间 2小时　口味 香甜味

材料

面粉	250克
荞麦粉	65克
葡萄干	50克
泡打粉、酵母	各3克
白糖	4大匙
植物油	少许

做法

1 把泡打粉、酵母放在容器内，加上少许清水调匀成酵母水，加入面粉、荞麦粉、白糖和清水拌匀成糊状，盖上保鲜膜，置于温暖处发酵1小时。

2 模具内抹上植物油，倒入发酵好的面糊，撒上洗净的葡萄干，继续发酵20分钟。

3 把盛有面糊的模具放入蒸锅内蒸30分钟，关火后虚蒸5分钟，取出，脱模，切成大块即可。

豌豆糕

难度 中级　时间 60分钟　风味 香甜味

材料

豌豆	500克
食用碱	少许
白糖	250克
琼脂	10克

做法

1 琼脂放入小碗内，加入少许清水浸泡至软；食用碱放在另一个碗内，加上少许清水调匀成碱水。

2 豌豆洗净，放入锅内，加入碱水和适量清水煮至软烂，取出，用细筛过滤成细沙，放入铜锅中，加入白糖、清水和琼脂熬煮至浓稠成豌豆蓉。

3 将煮好的豌豆蓉倒入方盘内，待其冷却成豌豆糕，放入冰箱中冷藏，食用时取出，切成小块即可。

干果蒸糕

难度 中级　时间 40分钟　口味 香甜味

材料

玉米粉300克,鸡蛋3个、核桃仁、瓜子仁、松子仁、葡萄干各25克

芝麻粉50克,白糖5大匙,泡打粉1小匙,植物油1大匙

做法

1　鸡蛋磕入容器内搅拌均匀,加入玉米粉、芝麻粉、白糖、泡打粉及适量温水,充分搅拌均匀成粉糊。

2　取方形模具,刷上一层植物油,倒入调拌好的粉糊,撒上核桃仁、松子仁、瓜子仁、葡萄干并拌匀。

3　将方形模具放入蒸锅内,用旺火、足汽蒸20分钟至熟,取出,扣在案板上,切成块,装盘上桌即可。

萝卜腊味糕

难度 中级　时间 60分钟　口味 鲜咸味

材料

白萝卜400克，黏米粉250克，澄面150克，腊味丁、水发海米各50克

精盐、胡椒粉、味精各少许，白糖1大匙，熟猪油、香油各适量

做法

1. 白萝卜去皮，洗净，切成细丝，放入沸水锅中焯烫一下，捞出；腊味丁、水发海米放入油锅内炒香，出锅。

2. 黏米粉中加入澄面、清水、精盐、味精、胡椒粉、腊味丁、水发海米和白糖，搅拌均匀成粉浆。

3. 把白萝卜丝倒入粉浆中，放入熟猪油、香油搅匀，倒入方盘中，放入蒸锅内蒸30分钟，取出，冷却，切成小块，放入热锅内煎3分钟，取出上桌即可。

桂花糯米枣

难度 中级　时间 30分钟　口味 香甜味

材料

糯米粉	200克
红枣	150克
熟芝麻碎	15克
桂花糖	1小匙
蜂蜜	2小匙
白糖	1大匙
精盐	1/2小匙
水淀粉	少许

做法

1 糯米粉放在容器内，倒入适量清水和成糯米团；红枣洗净，去掉枣核，留红枣果肉。

2 将糯米团分别塞入红枣中成糯米枣，放入蒸锅内，用旺火蒸10分钟至熟，取出，码放在盘内。

3 净锅置火上，加入少许清水，放入白糖、精盐、桂花糖和蜂蜜煮至沸，用水淀粉勾芡，转小火熬至浓稠，出锅，淋在糯米枣上，撒上熟芝麻碎即可。

瓜仁芋球

难度 中级　时间 30分钟　风味 香甜味

材料

山芋	300克
瓜子仁	200克
白糖	75克
黄油	50克
生粉	25克

做法

1. 把山芋削去外皮，洗净，沥净水分，切成大片，放入蒸锅内，用旺火蒸至熟，取出，凉凉，捣烂成山芋蓉，加入生粉、白糖、黄油搅拌均匀成芋蓉团。

2. 将芋蓉团按每个25克下成剂子，搓成圆球状，滚粘上瓜子仁成芋球生坯。

3. 将芋球生坯放入烤箱中，用200℃炉温烘烤15分钟，取出上桌即可。

如意锁片

难度 中级　｜　时间 30分钟　｜　口味 香甜味

材料

糯米粉	500克
粳米粉	100克
可可粉	20克
白糖	200克
植物油	50克

做法

1 糯米粉、粳米粉、白糖拌匀，分成两份，一份原色，一份加上可可粉拌匀；两份粉料分别加入植物油和温水调成糊，分别倒入糕盘中，上笼蒸15分钟至熟。

2 将蒸熟的两块粉团揉匀，擀成薄片，白色在下、可可色在上叠放在一起，将糕皮向中间卷起，搓匀，切成小块，装盘上桌即可。

栗蓉艾窝窝

难度 中级　时间 25分钟　口味 香甜味

材料

糯米饭	400克
栗子肉	125克
山楂糕条	50克
黑芝麻	少许
白糖	75克
椰蓉	100克
牛奶	150克
植物油	2大匙

做法

1 糯米饭放入塑料袋内,加入少许清水揉匀、揉碎;栗子肉放入粉碎机中,加入牛奶搅打成栗子蓉。

2 锅置火上,加入植物油烧热,倒入栗子蓉慢慢搅炒均匀,加入白糖炒至呈黏稠状,倒入盘中凉凉。

3 把糯米饭分成块,按扁成皮,包入栗子蓉,团成球状,放入椰蓉中滚粘均匀,码放在盘中,放上山楂糕条和黑芝麻即可。

沙琪玛

 难度 中级　时间 60分钟　口味 香甜味

材料

面粉300克，芝麻50克，果脯30克，鸡蛋3个，枸杞子少许，绿茶水1杯

苏打粉少许，白糖4大匙，蜂蜜3大匙，植物油适量

做法

1 面粉放入容器内，磕入鸡蛋，加入绿茶水、苏打粉和成面团，饧20分钟，放在案板上，擀成大片，切成细条，放入烧热的油锅内炸至呈金黄色，捞出、沥油。

2 锅内留少许底油烧热，加入白糖、少许清水和蜂蜜炒至浓稠，放入炸好的面条和果脯翻炒均匀。

3 深盘内刷上植物油，撒上芝麻和枸杞子，倒入炒匀的面条并用重物压实，食用时取出，切成条块即可。

风味麻团

难度 中级　　时间 30分钟　　口味 香甜味

材料

糯米粉	500克
豆沙馅	300克
淀粉	100克
熟芝麻	50克
白糖	3大匙
熟猪油	5大匙
植物油	适量

做法

1 豆沙馅加入少许糯米粉搓匀,下成每个15克的馅心;淀粉放入盆内,倒入适量沸水搅成浓糊状,加入糯米粉、白糖、熟猪油拌匀,揉搓均匀成面团。

2 面团搓成长条,每25克下一个面剂,擀成圆饼状,放入馅心包好,揉搓成小圆球成麻团生坯。

3 麻团生坯滚匀熟芝麻,放入热油锅内炸至麻团膨胀浮起、呈金黄色,出锅,沥油,装盘上桌即可。

象生葫芦

难度 中级　时间 60分钟　口味 香甜味

材料

糯米粉	500克
胡萝卜	250克
豆沙馅	200克
澄面	125克
白糖	4大匙
熟猪油	50克
植物油	适量

做法

1. 胡萝卜去皮，洗净，切成大片，放入蒸锅内，用旺火蒸30分钟，取出、凉凉，搅拌均匀成胡萝卜蓉。

2. 糯米粉加入胡萝卜蓉、白糖、熟猪油、澄面调成面团，分别下成20克和10克的小剂子，包入豆沙馅。

3. 将20克的生坯揉成圆形、10克的生坯揉成圆锥形，将两个生坯粘在一起成葫芦生坯，放入烧热的油锅内炸至呈金黄色，捞出、沥油，装盘上桌即可。

香酥咖喱饺

难度 中级　时间 40分钟　口味 咖喱味

材料

春卷皮10张，土豆、猪肉末各150克，甜玉米粒50克

葱末、姜末各10克，精盐、味精各1小匙，酱油、咖喱粉、料酒各1大匙，植物油适量

做法

1. 土豆去皮，洗净，放入蒸锅中蒸熟，取出，凉凉，碾成土豆泥；猪肉末放入大碗中，加入料酒拌匀。

2. 锅中加入植物油烧热，放入猪肉末、葱末、姜末略炒，加入咖喱粉、酱油、精盐、土豆泥和甜玉米粒炒至浓稠，加入味精炒匀，出锅，凉凉成馅料。

3. 取春卷皮，放上炒好的馅料包好，放入热油锅中炸至色泽金黄，出锅装盘即可。

芝麻锅炸

难度 中级　时间 40分钟　口味 香甜味

材料

面粉	300克
牛奶	250克
熟芝麻碎	100克
鸡蛋	2个
白糖	3大匙
淀粉	4小匙
植物油	适量

做法

1 熟芝麻碎放入小碗中，加入白糖拌匀；鸡蛋磕入容器中，加入淀粉、牛奶、面粉搅拌均匀成面粉液。

2 锅置火上，加入适量清水烧沸，慢慢倒入面粉液搅炒至黏稠，出锅，倒入容器中凉凉、定型，取出，切成长方条，蘸匀淀粉成锅炸生坯。

3 锅置火上，加入植物油烧热，下入锅炸生坯冲炸一下，捞出、沥油，码放在盘中，撒上芝麻白糖即可。

珍珠玫瑰粽

难度 中级 ｜ 时间 2小时 ｜ 口味 香甜味

材料

西米	300克
栗子仁	100克
玫瑰茄	10克
粽叶	适量
冰糖	100克
白糖	2大匙

做法

1. 锅内加入清水和玫瑰茄煮5分钟，放入冰糖煮至溶化，出锅倒入容器内，放入西米浸泡15分钟至上色；把粽叶下入沸水锅内煮透，捞出。

2. 粽叶折成圆锥形，放入1/3西米，放入栗子仁，加入另外2/3西米，包严，用细绳子捆扎成粽子。

3. 把粽子放入清水锅内煮30分钟至熟透，取出，拆开粽叶，取出粽子，码放在盘中，带白糖一起上桌即可。

第二章

西点

法式长面包

难度 初级　时间 75分钟　口味 清香味

材料

高筋面粉	1000克
面包改良剂	15克
酵母	30克
精盐	少许

做法

1 高筋面粉、面包改良剂、酵母和精盐放入搅拌机内，加入清水搅拌成面团，用快速挡搅拌15分钟。

2 将面团分成每个400克重的面团，饧发30分钟，把面团压成40厘米长的长方形面片，从上向下卷起，搓成法式长面包的形状，放入模具中，送入饧发箱。

3 待长面包完全饧发后，用刀片在表面划几个刀口，放入烤箱内烘烤至上色均匀，取出上桌即可。

十字面包

难度 中级　时间 2小时　口味 香甜味

材料

高筋面粉750克，葡萄干150克，酵母、面包改良剂各少许，鸡蛋3个

精盐、豆蔻粉、泡打粉各少许，牛奶、黄油各250克，木糖醇、兰姆酒各适量

做法

1　葡萄干洗净，用兰姆酒浸泡；鸡蛋磕入大碗内，搅拌均匀成鸡蛋液。

2　将所有粉料放入搅拌机内，以慢速挡搅打，加入清水、鸡蛋液、牛奶搅打成面团，再加入黄油、葡萄干、兰姆酒搅打至面团光滑，分成小面团。

3　小面团搓成圆形，放入饧发箱饧发，刷上鸡蛋液，挤上十字形面线，放入烤箱烤至熟香即可。

螺旋餐包

难度 初级　时间 90分钟　口味 香甜味

材料

高筋面粉250克，鸡蛋75克，奶粉50克，面包改良剂、酵母各少许

精盐少许，奶油50克，果酱25克，糖粉、植物油各1大匙

做法

1 高筋面粉磕入鸡蛋，加入酵母、面包改良剂、糖粉、奶粉、精盐和清水，揉搓成面团，静置发酵30分钟。

2 发酵面团放在案板上，摊开并折叠几次，揉搓成面团，分成小面剂，揉搓成长条状，制成螺旋形状，饧发20分钟，表面裱上奶油，挤上果酱成餐包生坯。

3 烤盘上刷上植物油，码放上餐包生坯，放入烤箱内，用180℃烘烤15分钟至熟香，取出上桌即可。

杏仁牛角包

难度 中级　　时间 75分钟　　口味 香甜味

材料

高筋面粉	1000克
酵母	15克
鸡蛋清	4个
杏仁片	25克
牛奶	250克
黄油	150克
木糖醇	适量
精盐	少许

做法

1 杏仁片和鸡蛋清混合均匀；高筋面粉、酵母、黄油、精盐和牛奶放入容器内，用中速搅打成面团。

2 面团用压面机压成薄片，切成等腰三角形，从上向下卷成直牛角形，封口后放在烤盘上，送入饧发箱至完全饧发，刷上鸡蛋清，放上杏仁片成牛角包生坯。

3 把牛角包生坯送入预热的烤箱内烤至呈金黄色，取出，表面撒上木糖醇即可。

圣诞面包

难度 初级　时间 75分钟　口味 香甜味

材料

高筋面粉750克, 低筋面粉200克, 杂果皮、葡萄干、酵母各少许, 鸡蛋2个

精盐、兰姆酒各少许, 木糖醇75克, 黄油100克

做法

1. 杂果皮、葡萄干加入兰姆酒浸泡; 所有粉料放入搅拌机内, 磕入鸡蛋, 加入清水, 用慢速搅打成面团。

2. 改用快速挡搅打10分钟, 加入黄油、杂果皮、葡萄干、兰姆酒, 继续搅打至面团光滑, 取出。

3. 将面团分成小面团, 搓成圆形, 送入饧发箱, 待完全饧发后, 表面刷上少许黄油, 放入烤箱烘烤至上色, 取出, 撒上木糖醇, 直接上桌即可。

榛子丹麦包

难度　中级　时间　90分钟　口味　香甜味

材料

高筋面粉750克，酵母、榛子碎、蛋糕碎各少许，鸡蛋5个

精盐少许，牛奶、黄油、木糖醇各适量

做法

1. 把高筋面粉、酵母、木糖醇、精盐和蛋糕碎放入搅拌器内，用慢速搅打均匀，磕入鸡蛋，加入牛奶和黄油，用高速搅打10分钟，取出，用压面机压成大片。

2. 把面片裁成正方形，榛子碎放在中间，然后平行对叠，在接口处切三刀成面包生坯，送入饧发箱饧发，放入烤箱内烤至色泽金黄，取出上桌即可。

小法包

难度 初级　时间 75分钟　口味 鲜香味

材料

高筋面粉	1000克
面包改良剂	25克
酵母	少许
精盐	1/2小匙

做法

1 将高筋面粉、面包改良剂、酵母和精盐放入搅拌机内，加入清水并以慢速挡搅打成面团，再用快速挡搅拌10分钟，分成多个小面团，饧发40分钟。

2 将小面团压扁，从上向下卷成梭形，放入饧发箱至饧发成生坯，表面切上刀口，放入烤箱内烘烤至色泽金黄，取出上桌即可。

芝麻面包

难度 初级　时间 75分钟　国味 鲜香味

材料

高筋面粉	1500克
黑芝麻	100克
面包改良剂	少许
酵母	5克
精盐	1/2小匙

做法

1 将所有粉料放入搅拌机内,以慢速挡搅打,慢慢加入清水搅拌成面团,改用快速挡搅拌15分钟成面团。

2 把面团分成每个35克重的小面团,盖上保鲜膜,饧发40分钟。

3 把面团搓成圆形,刷上少许清水,蘸上黑芝麻,放在烤盘上,放入饧发箱内饧发,送入烤箱内,用中温烘烤至上色,再开盖烘烤8分钟即可。

豆沙圈

难度 中级 ｜ 时间 75分钟 ｜ 口味 香甜味

材料

高筋面粉600克，豆沙馅200克，芝麻100克，酵母10克，鸡蛋4个

精盐1小匙，白糖250克，奶粉25克，奶油125克

做法

1. 取一半高筋面粉，加上酵母，磕入鸡蛋（图1），加上清水，揉搓成面团（图2），发酵成发酵面团。

2. 另一半高筋面粉加上白糖、精盐、奶粉和清水拌匀，倒入发酵面团，加入奶油搓匀（图3），分成小面团，按扁，放入豆沙馅，擀成长片（图4），表面划开长条口子（图5），反过来卷成圆圈（图6），再将头尾相接。

3. 把圆圈放入烤盘内发酵（图7），撒上芝麻，放入烤箱内，用上火180℃、下火150℃烘烤15分钟即可。

农夫包

难度 初级　时间 60分钟　口味 鲜香味

材料

高筋面粉	1000克
全麦粉	500克
酵母	3克
面包改良剂	少许
精盐	1/2小匙
黄油	适量

做法

1 高筋面粉、全麦粉、酵母、面包改良剂、精盐、黄油放入搅拌机内，加入清水搅打均匀，用快速挡搅打10分钟至面团光滑，取出，分成每个重400克的面团。

2 面团饧发30分钟，挤出面团中的气泡，搓成半圆形，放在烤盘上，待完全饧发，撒上少许高筋面粉。

3 在面团表面划上渔网形刀纹，放入烤箱内烘烤至上色均匀，取出上桌即可。

桃仁包

难度 初级　时间 90分钟　口味 鲜香味

材料

高筋面粉1000克，黑麦粉500克，核桃碎200克，面包改良剂、酵母各少许

精盐少许，黄油100克，木糖醇50克

做法

1 将所有粉料放入搅拌机内，以慢速挡搅打，慢慢加入清水搅打成面团，改用快速挡搅拌10分钟，取出面团，加入核桃碎、黄油揉搓均匀。

2 将面团分成小面团，饧发30分钟，压成长方形面片，从上向下卷成卷，沿一侧切口，整理成麦穗形，放在烤盘上饧发，放入烤箱内烤至上色即可。

黑麦包

难度 初级 | 时间 90分钟 | 口味 鲜香味

材料

高筋面粉	1200克
黑麦粉	800克
酵母	3克
面包改良剂	5克
精盐	少许
黄油	150克

做法

1 高筋面粉、黑麦粉、酵母放入搅拌机内，加入面包改良剂、黄油、精盐和清水，以慢速挡搅打成面团。

2 改用快速挡搅拌5分钟，取出面团，分成每个400克重的小面团。

3 把面团揉搓均匀成黑麦包生坯，放在烤盘上饧发，待完全饧发后，表面撒上少许高筋面粉，放入预热的烤箱内，用中温烘烤至黑麦包熟香即可。

豆粉包

难度 初级　时间 2小时　国味 鲜香味

材料

高筋面粉	1000克
黄豆粉	200克
酵母	10克
面包改良剂	少许
精盐	1/2小匙

做法

1 将所有粉料放入搅拌机内，加入清水，以慢速挡搅拌成面团，改用快速挡搅拌10分钟成面团，取出。

2 将面团分成每个重400克的面团，盖上湿布，饧发30分钟，挤出面团中的气泡。

3 将面团搓成圆球形状，放入饧发箱内至完全饧发，表面撒上少许高筋面粉，表面切上刀口，放入烤箱内，用中温烘烤至上色均匀，取出上桌即可。

夏巴塔包

难度 初级　时间 2小时　口味 鲜香味

材料

高筋面粉	1500克
低筋面粉	250克
黄油	100克
泡打粉	15克
酵母	10克
精盐	少许
橄榄油	适量

做法

1 高筋面粉、低筋面粉、泡打粉、酵母、精盐放入搅拌器内，用慢速挡搅打，边搅打边加入清水搅拌成面团，取出，放在容器内，饧发1小时成发酵面团。

2 发酵面团放入搅拌器内，加入橄榄油、黄油，继续搅打成光滑的面团，饧发40分钟。

3 将面团整理成长方形，放在烤盘上，表面撒上少许高筋面粉，放入烤箱内烤至上色即可。

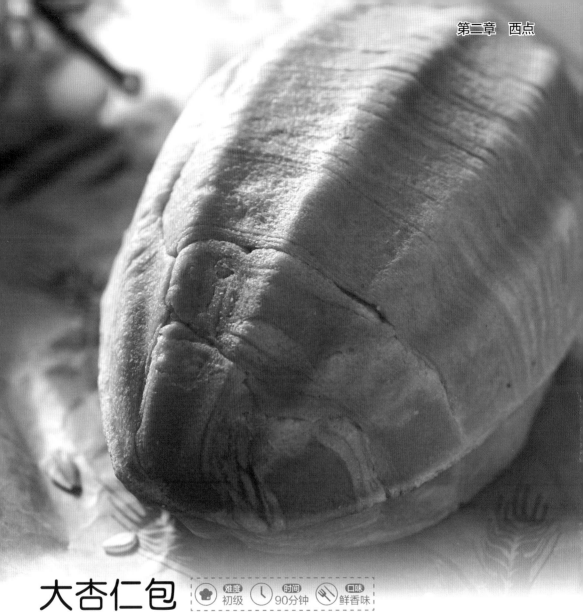

大杏仁包

难度 初级　时间 90分钟　口味 鲜香味

材料

高筋面粉	500克
酵母	10克
精盐	1/2小匙
白糖	100克
橄榄油	2大匙

做法

1 高筋面粉、酵母、精盐、白糖放入容器内混合均匀，加入橄榄油，慢慢倒入适量的温水，边倒温水边揉搓成面团，盖上湿布，饧发1小时。

2 将饧发好的面团揉搓成圆形，表面涂抹上少许橄榄油，放入模具内，静置15分钟成大杏仁包生坯。

3 将烤箱预热至200℃，放入大杏仁包生坯烘烤20分钟至熟香，取出上桌即可。

英吉利松饼

| 难度 初级 | 时间 75分钟 | 圆味 鲜香味 |

材料

高筋面粉	1000克
牛奶	500克
黄油	100克
酵母	20克
面包改良剂	5克
精盐	1小匙

做法

1 高筋面粉、酵母、面包改良剂和精盐放入搅拌机内,以慢速挡搅打,一边搅打一边慢慢加入牛奶搅拌成面团,再用快速挡搅拌10分钟。

2 加入黄油,继续搅拌至面团光滑,取出面团,压成1厘米厚的长方形,用模具压成圆形成松饼生坯。

3 把松饼生坯放入饧发箱,饧发20分钟,放入预热的烤箱内,用中温烘烤10分钟,取出上桌即可。

花生松饼

难度 初级　时间 60分钟　口味 鲜香味

材料

低筋面粉750克，全麦粉500克，黄油400克，花生碎100克，鸡蛋8个，泡打粉、苏打粉各少许

香草精、精盐各少许，牛奶、木糖醇各适量

做法

1　把黄油和木糖醇放入搅拌机内，用中速搅打10分钟至发白，用慢速挡继续搅打，一边搅打一边逐个磕入鸡蛋，直至完全混合。

2　加入低筋面粉、全麦粉、泡打粉、苏打粉、香草精、精盐调拌均匀，加入牛奶拌匀成浓糊状。

3　把调拌好的浓糊灌入松饼纸杯的2/3处，撒上花生碎，放入预热的烤箱内，用中温烘烤20分钟至熟香，取出上桌即可。

角瓜松饼

难度 中级　时间 60分钟　口味 鲜咸味

材料

低筋面粉750克，角瓜丝、核桃碎各300克，鸡蛋6个，苏打粉少许

玉桂粉、香草精、精盐各少许，木糖醇、植物油各适量

做法

1 将鸡蛋磕入搅拌器内，加入木糖醇，用快速挡将木糖醇和鸡蛋液搅打至发白。

2 改用慢速挡，加入低筋面粉、角瓜丝、核桃碎、香草精、玉桂粉、苏打粉、精盐调拌均匀，加入植物油拌匀成浓糊状。

3 将浓糊灌入松饼模具的2/3处，放入预热的烤箱内，烘烤20分钟至色泽金黄，取出上桌即可。

原味松饼

难度 中级　时间 60分钟　口味 鲜香味

材料 | 做法

低筋面粉　1000克
高筋面粉　750克
黄油　700克
鸡蛋　12个
泡打粉　30克
牛奶　650克
木糖醇　500克

1　将黄油隔水加热至熔化，放入搅拌器内，慢速搅打10分钟，再慢慢加入木糖醇，用高速搅打5分钟，再逐个磕入鸡蛋，继续搅拌至完全混合。

2　加入过细筛的高筋面粉、低筋面粉和泡打粉调匀，加入牛奶，充分搅拌均匀成浓稠的松饼糊。

3　取松饼纸杯，分别灌入松饼糊至2/3处成松饼生坯，放入预热烤箱内，烘烤20分钟至色泽金黄即可。

酥皮沙拉饼

难度 初级　时间 90分钟　口味 香甜味

材料

高筋面粉400克，油酥面皮250克，鸡蛋125克，酵母少许

精盐少许，奶粉、奶油各15克，白糖2大匙，沙拉酱50克，植物油1大匙

做法

1 把所有粉料放入容器内，磕入鸡蛋，加入植物油、奶油揉搓成面团，置温暖处发酵30分钟。

2 将面团压出发酵后的气泡，揉搓均匀，制成面剂，揉成长条形，再次发酵20分钟成生坯。

3 把油酥面皮擀成大片，中间放入生坯，轻轻包裹好，放在烤盘上，静置30分钟，放入预热烤箱内烘烤20分钟，取出，从中间切开，挤上沙拉酱即可。

香橙巧克力松饼

难度 中级　时间 60分钟　口味 鲜香味

材料

低筋面粉1500克，黄油500克，鸡蛋8个，泡打粉、苏打粉、可可粉各少许

橙皮丝10克，原味酸奶250克，鲜橙汁2大匙，木糖醇750克

做法

1. 将黄油和木糖醇放入搅拌机，用中速搅打5分钟至发白，改用慢速挡搅打，一边搅打一边磕入鸡蛋，搅打至完全混合。

2. 加入低筋面粉、泡打粉、苏打粉、可可粉、原味酸奶、鲜橙汁、橙皮丝搅拌均匀成浓糊状。

3. 将浓糊灌入松饼纸杯的2/3处，放入预热烤箱内，用中温烘烤20分钟，取出上桌即可。

特色蛋糕

难度 中级　　时间 60分钟　　口味 香甜味

材料

低筋面粉250克,可可粉200克,苏打粉20克,鸡蛋8个

牛奶150毫升,白糖500克,黄油、奶油各适量

做法

1 低筋面粉放入搅拌器内,磕入鸡蛋拌匀,加入可可粉(图1),放入白糖、黄油、苏打粉和牛奶,用中速搅打均匀成蛋糕糊(图2),取出,饧发30分钟,装入圆形模具中,用刮板将蛋糕糊抹平(图3)。

2 把盛有蛋糕糊的模具放入烤箱内,以上火180℃、下火160℃烘烤20分钟至熟香(图4)。

3 取出蛋糕(图5),将蛋糕片成三大片(图6),蛋糕片上涂抹上奶油(图7),切成三角块,装盘上桌即成。

美式芝士蛋糕

难度 中级　　时间 45分钟　　口味 香甜味

材料

奶油芝士	500克
薄蛋糕片	1个
鸡蛋	5个
时令水果丁	150克
奶油	250克
白糖	200克

做法

1. 圆形蛋糕模具用油纸包好，放入薄蛋糕片；把鸡蛋的鸡蛋黄和鸡蛋清分开，鸡蛋清放入容器内，用打蛋器打发，加入白糖搅匀。

2. 奶油放在另一个容器内，加入奶油芝士打发，加入鸡蛋黄和打发的鸡蛋清搅匀成蛋糕浓糊，倒入盛有薄蛋糕片的模具中，再把蛋糕糊抹平。

3. 模具放入烤箱中，用中温烘烤至色泽金黄，出炉，切成小块，用时令水果丁装饰即可。

草莓蛋糕

难度 中级　　时间 60分钟　　圆味 香甜味

材料

低筋面粉400克，
鸡蛋、麦淇淋各200
克，葡萄干25克

兰姆酒25克，白糖
125克，牛奶150克，
草莓酱、绿色奶油、
植物油各适量

做法

1 白糖、麦淇淋、兰姆酒放入搅拌器内，慢速搅打2分钟，磕入鸡蛋，继续搅打3分钟至涨发。

2 将低筋面粉倒入打发的蛋液中拌匀，加入牛奶、植物油和葡萄干，搅打5分钟成蛋糕糊。

3 烤盘刷上植物油，倒入蛋糕糊并抹平，放入烤箱内烘烤25分钟，取出，用模具切成圆形，放在容器内，淋上草莓酱，用绿色奶油裱花加以点缀即可。

可可蛋糕

⊕ 难度 中级 🕐 时间 60分钟 🍴 口味 香甜味

材料

低筋面粉	250克
黄油	180克
鸡蛋清	150克
鸡蛋黄	100克
可可粉	15克
白糖	200克
植物油	1大匙

做法

1 低筋面粉加入鸡蛋黄拌匀成蛋黄糊；鸡蛋清放入搅拌器内，加入白糖搅打至起泡成蛋清糊。

2 取2/3的蛋清糊、黄油和蛋黄糊拌匀成黄色面糊；把剩余糊料加入可可粉调匀成咖啡色面糊。

3 模具刷上植物油，倒入黄色面糊，放入预热的烤箱内，用180℃烘烤25分钟，取出，倒入咖啡色面糊并抹平，放入烤箱内烤10分钟，取出，切成小块即可。

咖啡蛋糕

难度 中级　　时间 3小时　　口味 香甜味

材料

黑蛋糕坯1个，奶油芝士375克，鱼胶15克，鸡蛋4个

淡奶油300克，杏仁酒2小匙，咖啡粉100克，白糖150克

做法

1 奶油芝士切成块，解冻至柔软，放入盆内，加入白糖拌匀，磕入鸡蛋，慢慢搅拌均匀，倒入打发的淡奶油、溶化的鱼胶和杏仁酒调拌均匀成蛋糕面糊。

2 将黑蛋糕坯垫入模具底部，均匀地灌入蛋糕面糊并抹平（和蛋糕模具一样高），撒上一层咖啡粉，放入冰箱中冷藏2小时，食用时取出，切成条块即可。

苹果慕斯

难度 中级　时间 90分钟　口味 香甜味

材料

蛋糕坯	1个
苹果	300克
猕猴桃	75克
黄桃	50克
鱼胶	30克
白糖	250克

做法

1 苹果洗净，去皮、去核，切成绿豆大小的丁；猕猴桃、黄桃分别去皮，均切成小片。

2 鱼胶用温水泡软，置火上煮至溶化，出锅，冷却，加入白糖拌匀，放入苹果丁拌匀成慕斯坯料。

3 将蛋糕坯切成小片，码放在模具内，倒入调好的慕斯坯料并抹平，放入冰箱内冷藏，食用时取出，摆上猕猴桃片、黄桃片即可。

香草慕斯

难度 中级　时间 90分钟　口味 鲜咸味

材料

杏仁蛋糕坯	1片
淡奶油	400克
牛奶	100克
奶粉	80克
鸡蛋黄	3个
香草荚	1/4根
鱼胶	20克
白糖	120克

做法

1 不锈钢平底锅中加入鸡蛋黄、白糖拌匀,倒入烧沸的牛奶调匀,放入洗净的香草荚。

2 把平底锅置电磁炉上加热至85℃,加入奶粉搅拌至全部溶化,降温至40℃,加入溶化的鱼胶拌匀,放入打发的淡奶油,搅拌均匀成香草慕斯。

3 取8寸蛋糕圈模具,放入杏仁蛋糕坯,灌入香草慕斯并抹平,放入冰箱内冷藏,食用时切成块即可。

绿豆慕斯

难度 中级　时间 2小时　口味 香甜味

材料

清蛋糕	1个
鲜奶油	750克
绿豆	200克
樱桃果酱	适量
鸡蛋清	150克
绿豆粉	50克
鱼胶	40克
白糖	250克

做法

 绿豆洗净，放入清水锅内煮至熟，取出；鱼胶用温水泡软，置火上煮至溶化成鱼胶水，出锅、凉凉；取少许煮好的绿豆，加入少许鱼胶水拌匀成绿豆糕。

 鸡蛋清、白糖放入搅拌器内搅打均匀，加入鲜奶油、鱼胶水，放入绿豆粉和煮好的绿豆拌匀成浓糊。

 清蛋糕切成片，放在容器底部垫底，倒入浓糊，覆盖上绿豆糕，切成小块，加上樱桃果酱点缀即可。

果味慕斯

难度 中级　时间 2小时　口味 香甜味

材料

清蛋糕	1个
奶油	750克
黄桃罐头	1听
净草莓	适量
鸡蛋清	200克
鱼胶	15克
白兰地酒	25克
白糖	300克

做法

1 一半黄桃切成丁；剩余黄桃放入搅拌器内打碎成蓉；鱼胶泡软，置火上煮至溶化，凉凉成鱼胶水。

2 鸡蛋清、白糖放入搅拌器内，加入打发的奶油拌匀，加入白兰地酒、黄桃蓉搅打至浓稠，放入黄桃丁拌匀成慕斯坯料。

3 清蛋糕切成块，码放在容器内，倒入慕斯坯料，放入冰箱内冷藏，食用时取出，加上净草莓点缀即可。

香橙慕斯

难度 中级　时间 2小时　口味 香甜味

材料

清蛋糕	1个
奶油	500克
甜橙	300克
鸡蛋清	200克
鱼胶	15克
君度酒	少许
白糖	250克

做法

1 鱼胶泡软，置火上煮溶化，出锅、凉凉成鱼胶水；鸡蛋清、白糖放入容器内，倒入打发的奶油拌匀。

2 放入鱼胶水调匀，加入洗净并切成小块的甜橙，倒入君度酒混合均匀成慕斯浓糊。

3 将清蛋糕放在模具内，倒入调好的慕斯浓糊并抹平，放入冰箱内冷却2小时，食用时取出，脱模，切成形，装盘上桌即可。

草莓慕斯

| | 难度 初级 | 时间 2小时 | 口味 香甜味 |

材料

清蛋糕	1个
鲜奶油	200克
草莓慕斯粉	100克
鱼胶	25克
木糖醇	75克

做法

1 将鱼胶泡软,放入锅内煮至溶化,出锅,倒入容器内凉凉,放入草莓慕斯粉调匀。

2 淋入少许沸水,用打蛋器搅打至溶解,放入木糖醇调匀,加入打发的鲜奶油拌匀成慕斯浓糊。

3 将慕斯浓糊倒在清蛋糕上并抹平,放入冰箱内冷藏,食用时取出,用模具压成形,挤上少许鲜奶油即可。

干果饼干

难度 中级 | 时间 90分钟 | 口味 香甜味

材料

低筋面粉250克，杏仁片40克，核桃碎、白芝麻、黑芝麻各25克，鸡蛋清2个

白糖2大匙，泡打粉2克，奶油4大匙，植物油少许

做法

1 奶油和白糖放入容器中，加入鸡蛋清拌匀（图1），加入低筋面粉、泡打粉拌匀成团（图2），放入杏仁片、核桃碎、黑芝麻、白芝麻揉搓均匀成面团（图3）。

2 面团放在案板上（图4），揪成面剂，搓成条（图5），放入冰箱冷冻，取出，切成片成干果饼干生坯（图6）。

3 烤盘刷上植物油，摆上干果饼干生坯（图7），放入烤箱中，用中火烘烤15分钟至熟香，取出上桌即成。

双色饼干

难度 中级　　时间 90分钟　　口味 香甜味

材料	
面粉	300克
黄油	150克
鸡蛋清	50克
可可粉	25克
白糖	100克
精盐	少许

做法

1　将黄油、白糖混合搅拌5分钟，加入鸡蛋清混合均匀，加入面粉和精盐，揉搓均匀成面团。

2　取1/2的面团，加入可可粉揉搓成棕色面团；分别将白色面团和棕色面团擀成长方形面片。

3　白色面皮、棕色面片中间刷上鸡蛋清，叠放在一起，卷成长棍形状，冷冻后切成圆片，摆在烤盘上，放入烤箱，用180℃烘烤12分钟，取出上桌即可。

六角星饼干

| 难度 中级 | 时间 45分钟 | 口味 香甜味 |

材料

面粉	250克
糖粉	200克
黄油	150克
柠檬汁	45克
鸡蛋清	1个
香草油、精盐	各少许
白糖	100克

做法

1　将黄油和白糖放入容器内，混合搅拌5分钟，加入鸡蛋清、香草油混合均匀。

2　放入面粉、柠檬汁和精盐搅匀成粉团，擀成0.5厘米厚的长面片，用模具压成六角星形状成饼干生坯。

3　饼干生坯放在烤盘上，放入烤箱，用170℃的炉温烘烤至熟，取出，趁热撒上糖粉即可。

娃娃饼干

难度 初级   时间 60分钟   口味 香甜味

材料

面粉	250克
黄油	180克
鸡蛋清	2个
香草油	2克
精盐	少许
白糖	100克

做法

1. 将黄油、白糖放入容器内，混合搅拌5分钟，加入鸡蛋清、香草油混合均匀。

2. 放入面粉和精盐，搅拌均匀成饼干粉团，放在案板上，擀成0.5厘米厚的长面片。

3. 用模具压成小胖娃娃的形状，整齐地码放在烤盘上，放入预热的烤箱内，用170℃的炉温烘烤12分钟，取出，凉凉，表面简单装饰即可。

手指饼干

难度 初级　时间 60分钟　口味 香甜味

材料

面粉	200克
鸡蛋	4个
香草精	少许
白糖	100克

做法

1　将鸡蛋磕开,把鸡蛋清和鸡蛋黄分盛在两个容器内;面粉过细筛。

2　鸡蛋清加上少许白糖,充分打匀成蛋清糊;鸡蛋黄加上白糖搅打成蛋黄糊;蛋清糊和蛋黄糊混合,放入容器中,加入面粉和香草精调匀成饼干浓糊。

3　将饼干浓糊装入裱花袋中,挤成手指形状,送入烤箱,用180℃的炉温烘烤10分钟,取出上桌即可。

燕麦片饼干

难度　初级　　时间　60分钟　　风味　香甜味

材料		做法
面粉	200克	**1** 黄油，精盐放入容器内，混合搅拌5分钟，加入面粉、泡打粉调匀，放入鸡蛋黄、燕麦片和牛奶混合，搅拌均匀成饼干粉团。
黄油	125克	
燕麦片	100克	
牛奶	50克	**2** 将饼干粉团搓成直径为4厘米的长棍形，切成每个15克的小面团，揉搓成圆形成饼干生坯。
鸡蛋黄	1个	
泡打粉	5克	**3** 把饼干生坯整齐地摆放在烤盘上，放入烤箱，用170℃的炉温烘烤15分钟，取出上桌即可。
精盐	少许	

110

金橘饼干

材料

面粉	200克
黄油	125克
金橘干碎	100克
鸡蛋	1个
苏打粉	5克
香草油	2克
白糖	150克
精盐	少许

做法

1 将黄油、白糖混合搅拌5分钟，磕入鸡蛋，加入香草油混合均匀，加入面粉、苏打粉、精盐搅匀，放入金橘干碎搅拌均匀成饼干粉团。

2 饼干粉团揉搓均匀，擀成0.5厘米厚的面片，用心形模具，压成心形的小面片成金橘饼干生坯。

3 把金橘饼干生坯整齐地摆放在烤盘上，放入烤箱，用180℃的炉温烘烤12分钟，取出上桌即可。

松子饼干

难度 中级　时间 45分钟　口味 香甜味

材料

面粉	250克
黄油	200克
松子仁	50克
玉米淀粉	40克
鸡蛋	2个
白糖	100克
香草油、精盐	各少许

做法

1 将黄油、白糖放在干净容器内,搅拌5分钟,磕入鸡蛋混合均匀,加入面粉、玉米淀粉、精盐和香草油搅匀成饼干面团。

2 将饼干面团搓成直径4厘米的长棍形,切成小面团,放上松子仁,轻轻压一下成松子饼干生坯。

3 松子饼干生坯整齐地摆在烤盘上,放入烤箱,用160℃的炉温烘烤15分钟,取出上桌即可。

吉士夹心饼

难度 中级　时间 75分钟　口味 香甜味

材料

面粉350克，黄油300克，即溶吉士粉200克，核桃碎75克，鸡蛋清50克

白糖125克，精盐1克，牛奶250克，淡奶油100克，香草油3克

做法

1　即溶吉士粉放入大碗内，加入牛奶快速搅拌均匀，放入淡奶油和香草油搅匀成吉士奶油。

2　将黄油、精盐、面粉混合搅拌5分钟，加入鸡蛋清、少许吉士奶油和核桃碎混合均匀成饼干糊。

3　将饼干糊装入裱花袋内，挤成圆圈形状的饼干生坯，放入预热烤箱中，用180℃的炉温烘烤12分钟，取出，冷却，在饼干中间夹入吉士奶油即可。

圣女果椰丝派

<table>
<tr><td>难度</td><td>时间</td><td>口味</td></tr>
<tr><td>中级</td><td>45分钟</td><td>香甜味</td></tr>
</table>

材料

生甜派底	1个
鸡蛋	5个
黄油	300克
圣女果	200克
椰丝	100克
低筋面粉	50克
糖水	适量
白糖	300克

做法

1 圣女果去蒂, 洗净, 放入热锅内, 加入糖水, 用小火煮至沸, 离火; 鸡蛋放在碗内, 搅打均匀成鸡蛋液。

2 不锈钢盆内放入黄油、白糖, 搅拌均匀至白糖溶化, 倒入鸡蛋液搅拌均匀, 加入过筛的低筋面粉, 放入椰丝拌匀成馅料, 放入生甜派底内。

3 在生甜派底表面嵌上煮好的圣女果, 放入预热的烤箱内, 用170℃烘烤20分钟至表面金黄色即可。

榛子派

难度 初级 | 时间 45分钟 | 口味 香甜味

材料

生甜派底	5个
榛子仁	200克
鸡蛋黄	3个
糖浆	100克
黄油	50克
低筋面粉	40克
白糖	1大匙

做法

1 榛子仁放入容器内，放入微波炉内，用中挡微波约10分钟至上色、熟透，取出，压成碎粒.

2 不锈钢平底锅置火上，放入黄油、糖浆搅拌均匀，中火煮3分钟，离火，加入鸡蛋黄和白糖拌匀，加入榛子仁碎和低筋面粉拌匀成榛子馅料。

3 把榛子馅料分别放入生甜派底内，放入预热的烤箱内，用170℃烘烤25分钟，取出上桌即可。

雪梨杏仁派

难度 初级　时间 45分钟　口味 香甜味

材料

生甜派底	8个
雪梨块(罐头)	200克
黄油	100克
鸡蛋	2个
杏仁粉	75克
低筋面粉	50克
白糖	100克

做法

1 把黄油、白糖放入不锈钢盆内,搅拌均匀至白糖溶化,磕入鸡蛋,慢慢搅拌均匀。

2 加入杏仁粉、低筋面粉拌匀成馅料,灌入生甜派底内,压上雪梨块成雪梨杏仁派生坯。

3 把雪梨杏仁派生坯放入预热的烤箱内,用170℃烘烤约25分钟至表面凝固,取出上桌即可。

核桃派

难度 中级　时间 50分钟　口味 香甜味

材料

生甜派底	6个
核桃仁	250克
鸡蛋黄	3个
糖浆	100克
黄油	20克
甜面条	少许
白糖	30克

做法

1 核桃仁放入微波炉内烤至熟，取出，切碎；不锈钢盆内放入鸡蛋黄、白糖，拌匀成蛋黄液。

2 另取不锈钢平底锅，放入黄油和糖浆拌匀，置火上加热至溶化，离火，倒入调好的蛋黄液拌匀，加入核桃碎拌匀成馅料，放入生甜派底内。

3 在核桃馅料表面压上甜面条，放入烤箱内，用170℃烘烤25分钟至表面金黄色即可。

芒果派

难度 中级　时间 25分钟　口味 香甜味

材料

熟饼干派底	5个
奶油	300克
芒果	200克
黑巧克力	30克
杏酱	少许
白糖	50克

做法

1 将黑巧克力加热至溶化, 均匀地涂抹在熟饼干派底的里面, 静置3分钟至黑巧克力表面凝固。

2 奶油放入搅拌器内搅打至涨发, 加入白糖调匀, 装入裱花袋内, 戴上裱花袋嘴, 挤入派底内。

3 芒果清洗干净, 去掉外皮和果核, 取芒果果肉, 切成薄片 (或者自己喜欢的形状), 将芒果薄片装饰在加工好的派表面, 刷上杏酱, 直接上桌即可。

南瓜派

难度 初级　时间 60分钟　口味 香甜味

材料

生甜派底	6个
南瓜	300克
杏仁粉	50克
鸡蛋	3个
黄油	40克
白糖	2大匙

做法

1　南瓜清洗干净，切成三角形，去掉瓜瓤，放入蒸锅中蒸25分钟至熟透，取出熟南瓜，去皮，切成小块。

2　不锈钢盆内磕入鸡蛋，放入南瓜块、白糖、杏仁粉搅打均匀，加入溶化的黄油拌匀成馅料。

3　把调制好的馅料灌入生甜派底内至八成满，放入预热的烤箱内，用170℃烘烤约20分钟至南瓜派表面色泽金黄，取出上桌即可。

哈密瓜曲奇

| 🎩 难度 初级 | 🕐 时间 2小时 | 🍴 口味 香甜味 |

材料

低筋面粉	500克
鸡蛋	3个
白糖	150克
哈密瓜酱	4大匙
奶油	400克
植物油	适量

做法

1 白糖放容器内, 磕入鸡蛋(图1), 加入植物油(图2), 放入奶油(图3), 打发至颜色发白, 加入低筋面粉拌匀成糊(图4), 放入冰箱中冷冻, 取出(图5)。

2 面糊装入裱花袋内, 挤出花形成生坯(图6), 把哈密瓜果酱挤在生坯表面成曲奇生坯(图7)。

3 曲奇生坯放入预热的烤箱中, 用上火180℃、下火150℃烘烤15分钟至熟香, 取出上桌即可。

橙味小布丁

难度 初级　时间 60分钟　口味 香甜味

材料

牛奶	250克
淡奶油	200克
鸡蛋黄	6个
橙皮	15克
白糖	150克

做法

1 鸡蛋黄放入容器内，加入白糖，搅拌均匀成蛋黄糊；橙皮洗净，剁成碎末。

2 把牛奶、淡奶油放入平底锅中，置电磁炉上加热至50℃，离火，倒入蛋黄糊内拌匀，加入橙皮碎末拌匀成布丁浓糊。

3 把布丁浓糊灌入模具中至七分满，放入预热的烤箱中，用160℃隔水蒸烤45分钟，取出装饰即可。

香塔布丁

难度 初级　时间 2小时　国味 香甜味

材料

鲜奶油	500克
牛奶	400克
鸡蛋黄	200克
奶油饼干	100克
兰姆酒	25克
鱼胶	15克
白糖	100克

做法

1　鱼胶泡软，放入清水锅内煮沸成鱼胶水；将鸡蛋黄、白糖放入搅拌器内搅打均匀，加入鱼胶水调匀。

2　把打发的鲜奶油倒入盛有鸡蛋黄、鱼胶水的搅拌器内，加入牛奶、兰姆酒搅拌均匀成布丁浓糊。

3　取布丁容器，先放入几片奶油饼干，倒入调好的布丁浓糊，放入冰箱内冷却2小时，食用时取出，装饰上桌即可。

巧克力布丁

难度 初级　时间 3小时　口味 香甜味

材料

牛奶	1000克
巧克力布丁粉	500克
白糖	150克
蜂蜜	2大匙
糖粉	25克

做法

1. 巧克力布丁粉放入容器内，加入牛奶150克、白糖调拌均匀成布丁浓糊，放入冰箱内冷藏30分钟；蜂蜜放在小碗内，加入糖粉、清水调匀成蜂蜜糖水。

2. 锅置火上，倒入850克牛奶烧沸，加入布丁浓糊稍煮，盛入容器内，放入冰箱中冷却2小时成巧克力布丁。

3. 将冷却后的巧克力布丁取出，摆放在盘内，淋上调制好的蜂蜜糖水，装饰上桌即可。

焦糖蛋布丁

难度 初级　时间 60分钟　国味 香甜味

材料

牛奶	800克
鸡蛋	10个
白糖	200克

做法

1 将100克白糖放入不锈钢平底锅中，置电磁炉上加热至溶化，继续炒制成焦糖，出锅，灌入模具底部。

2 另取不锈钢小盆，磕入鸡蛋，加入100克白糖拌匀，放入牛奶拌匀成蛋液，倒入盛有焦糖的模具中。

3 把模具放入预热的烤箱中，用140℃隔水蒸烤40分钟至表面凝固，取出上桌即可。

米香牛奶水果布丁

材料

大米	100克
全脂牛奶	750克
什锦水果丁	100克
白糖	2大匙
黄油	75克

做法

1 大米淘洗干净, 放在容器内, 加入一半的全脂牛奶浸泡2小时, 倒入搅拌器内, 用中速搅打成牛奶米浆。

2 净锅置火上, 倒入另一半的全脂牛奶煮至沸, 加入黄油调匀, 用小火熬煮5分钟, 加入白糖熬煮片刻。

3 慢慢倒入搅拌好的牛奶米浆熬至浓稠状, 离火, 盛放在深盘内, 放上什锦水果丁即可。

樱桃布丁

难度 初级　时间 60分钟　口味 香甜味

材料

鸡蛋	10个
牛奶	700克
樱桃果酱	200克
白糖	150克

做法

1. 鸡蛋磕入容器内拌匀成鸡蛋液，加入白糖、牛奶搅拌均匀，放入樱桃果酱，搅拌均匀至成布丁糊。

2. 把布丁糊灌入模具中至九分满，放入预热的烤箱中，用140℃隔水蒸烤40分钟至表面凝固，取出，冷却，再用少许樱桃果酱装饰即可。

图书在版编目（CIP）数据

中点　西点 / 高玉才编著. -- 长春 ：吉林科学技
术出版社， 2018.9
　ISBN 978-7-5578-4991-7

Ⅰ．①中… Ⅱ．①高… Ⅲ．①糕点－制作 Ⅳ.
①TS213.2

中国版本图书馆CIP数据核字(2018)第170374号

中点　西点
ZHONGDIAN　XIDIAN

编　　著　高玉才
出 版 人　李　梁
责任编辑　张恩来
封面设计　长春创意广告图文制作有限责任公司
制　　版　长春创意广告图文制作有限责任公司
开　　本　720 mm×1 000 mm　1/16
字　　数　150千字
印　　张　8
印　　数　1-6 000册
版　　次　2018年9月第1版
印　　次　2018年9月第1次印刷
出　　版　吉林科学技术出版社
发　　行　吉林科学技术出版社
地　　址　长春市人民大街4646号
邮　　编　130021
发行部电话/传真　0431-85677817　85635177　85651759
　　　　　　　　　　　85651628　85600611　85670016
储运部电话　0431-86059116
编辑部电话　0431-85610611
网　　址　www.jlstp.net
印　　刷　吉林省创美堂印刷有限公司
书　　号　ISBN 978-7-5578-4991-7
定　　价　28.80元
如有印装质量问题 可寄出版社调换
版权所有　翻印必究　举报电话：0431-85635186